# 家装我做主

## 餐厅设计与材料 施工详解

《餐厅设计与材料 施工详解》编写组 编

配　　文：吴晓东　齐海梅

图片提供：徐宾宾　欧阳云　黄子平　邹筠娟　李　斌
　　　　　张　玄　贾春萍　王　琪　罗玉婷　易　蔷

海峡出版发行集团 | 福建科学技术出版社
THE STRAITS PUBLISHING & DISTRIBUTING GROUP | FUJIAN SCIENCE & TECHNOLOGY PUBLISHING HOUSE

图书在版编目（CIP）数据

餐厅设计与材料施工详解 / 《餐厅设计与材料施工详解》编写组编. —福州：福建科学技术出版社，2013.7

（家装我做主）

ISBN 978-7-5335-4307-5

Ⅰ．①餐… Ⅱ．①餐… Ⅲ．①住宅－餐厅－室内装饰设计②住宅－餐厅－室内装修－装修材料 Ⅳ．① TU241②TU56

中国版本图书馆CIP数据核字(2013)第124453号

书　　名　餐厅设计与材料 施工详解
编　　者　《餐厅设计与材料 施工详解》编写组
出版发行　海峡出版发行集团
　　　　　福建科学技术出版社
社　　址　福州市东水路76号（邮编350001）
网　　址　www.fjstp.com
经　　销　福建新华发行（集团）有限责任公司
印　　刷　福建彩色印刷有限公司
开　　本　889毫米×1194毫米　1/16
印　　张　6
图　　文　96码
版　　次　2013年7月第1版
印　　次　2013年7月第1次印刷
书　　号　ISBN 978-7-5335-4307-5
定　　价　29.80元
　　　　书中如有印装质量问题，可直接向本社调换

# Preface
## 写在前面

　　如今装修新居，人们更注重追求时尚和个性，因此，总要千方百计地寻找可资借鉴的家装设计资料作参考，以便更好地打造自己的家居风格。为了满足广大读者的需求，我们从全国各地优秀设计师最新设计的家居设计作品中，精选出一批优秀的家居设计作品，编成了"家装我做主"丛书。本套丛书内容紧跟时代流行趋势，注重家居的个性化，并根据客厅、餐厅、卧室、玄关、过道等功能空间分册，以实景照片的形式展示了设计实例，以满足广大读者不同的需求，选择适合自己风格的设计方案，打造理想的家居环境。

　　本套丛书的最大特点是，除了提供读者相关的家居设计实景照片外，还介绍了这些实例的材料和主要墙面的施工要点，以便广大读者在选择适合自己的家装方案的同时，能了解方案中所运用的材料和施工要点等。

　　我们真诚希望，本套丛书能为广大追求理想家居的人们，特别是准备购买和装修家居的人们提供有益的借鉴，也希望能为从事室内装饰设计的人员和有关院校的师生提供参考。

编者

2013 年 6 月

餐厅背景墙面用青砖砌成，墙体砌成后清洁干净表面的水泥砂浆，用黑色勾缝剂填缝，刷一层清漆。

主要材料：①复合实木地板 ②青砖 ③白色乳胶漆

餐厅背景墙面用水泥砂浆找平，部分墙面用松木板饰面，刷清漆。剩余墙面满刮三遍腻子，用砂纸打磨光滑，刷底漆、面漆。最后安装玻璃，用密封胶密封。

主要材料：①清玻 ②仿古砖 ③松木板

用湿贴的方式将文化石固定在餐厅背景墙面上，完工后用勾缝剂填缝。顶部用木工板打底，贴泰柚饰面板后刷油漆。固定成品隔断。

主要材料：①文化石 ②泰柚饰面板 ③仿古砖

餐厅背景墙面用水泥砂浆找平，整个墙面满刮三遍腻子，用砂纸打磨光滑，将实木线条用快干粉固定在墙面上，刷底漆、有色面漆。最后安装实木踢脚线。

主要材料：①有色乳胶漆　②米黄石材　③实木线条

用点挂的方式将爵士白大理石固定在餐厅背景矮台上，完工后用密封胶密封。剩余墙面用木工板打底，订制的硬包固定在底板上。

主要材料：①白色乳胶漆　②仿古砖　③爵士白大理石

餐厅背景墙面用水泥砂浆找平，整个墙面满刮三遍腻子，用砂纸打磨光滑，刷一层基膜，贴壁纸，安装踢脚线。最后将定制的通透花格板固定在地面与吊顶间。

主要材料：①壁纸　②白色乳胶漆　③玻化砖

餐厅背景墙面用水泥砂浆找平，黑镜基层用木工板打底，剩余墙面满刮三遍腻子，用砂纸打磨光滑，刷一层基膜，贴壁纸。用玻璃胶将黑镜固定在底板上，最后安装踢脚线。

主要材料：①壁纸　②玻化砖　③黑镜

用木工板及硅酸钙板做出餐厅背景墙面上的凹凸造型及灯槽结构，部分墙面用木工板打底，剩余墙面满刮三遍腻子，用砂纸打磨光滑，刷底漆、白色及有色面漆，部分墙面刷一层基膜后贴壁纸，固定成品板材。

主要材料：①有色乳胶漆　②壁纸　③大理石

餐厅背景墙面用水泥砂浆找平，整个墙面满刮三遍腻子，用砂纸打磨光滑，刷底漆、有色面漆，安装实木踢脚线。最后将选购的艺术挂画固定在墙面上。

主要材料：①有色乳胶漆　②玻化砖　③实木踢脚线

餐厅背景墙面用水泥砂浆找平，用硅酸钙板离缝拼贴。整个墙面满刮三遍腻子，用砂纸打磨光滑，刷底漆、有色面漆。最后安装踢脚线。

主要材料：①白色乳胶漆　②有色乳胶漆

餐厅背景墙面用水泥砂浆找平，整个墙面满刮三遍腻子，用砂纸打磨光滑，刷底漆、有色面漆，最后安装踢脚线。

主要材料：①金刚板　②有色乳胶漆

餐桌背景墙面防潮处理后用木工板打底，固定不锈钢收边线条。部分墙面贴装饰面板后刷油漆。剩余墙面用硅酸钙板离缝拼贴，满刮三遍腻子，用砂纸打磨光滑，刷底漆、面漆。

主要材料：①木饰面板　②白色乳胶漆　③不锈钢条

餐厅背景墙面用水泥砂浆找平，整个墙面满刮三遍腻子，用砂纸打磨光滑，刷一层基膜，用环保白乳胶配合专业壁纸粉将壁纸固定在墙面上，安装实木踢脚线。将选购的装饰挂件固定在墙面上。

主要材料：①壁纸　②白色乳胶漆

餐厅背景墙面用水泥砂浆找平，整个墙面满刮三遍腻子，用砂纸打磨光滑，刷底漆、有色面漆，最后安装踢脚线。

主要材料：①仿古砖　②铁刀木饰面板　③有色乳胶漆

餐厅背景墙面用水泥砂浆找平，用硅酸钙板做出灯槽结构，镜子基层用木工板打底，用粘贴固定的方式固定银镜。剩余墙面满刮三遍腻子，用砂纸打磨光滑，刷底漆、面漆。

主要材料：①银镜 ②白色乳胶漆 ③仿古砖

餐厅背景墙面用水泥砂浆找平，墙面防潮处理后用木工板打底并做出层板，墙面贴装饰面板后刷油漆。用粘贴固定的方式将银镜固定在底板上，完工后用硅硐密封胶密封。

主要材料：①白色乳胶漆 ②银镜 ③复合实木地板

餐厅背景墙面用水泥砂浆找平，整个墙面满刮三遍腻子，用砂纸打磨光滑，贴壁纸的墙面刷一层基膜后用环保白乳胶配合专业壁纸粉进行施工。剩余墙面刷底漆、面漆，最后安装踢脚线。

主要材料：①壁纸 ②银镜 ③仿古砖

餐厅背景墙面用水泥砂浆找平，整个墙面做防潮处理后用木工板打底，部分墙面贴装饰面板后刷油漆。剩余墙面用烤漆玻璃饰面，用粘贴固定的方式固定，完工后用硅酮密封胶密封。

主要材料：①烤漆玻璃　②壁纸　③复合实木地板

餐厅背景墙面用水泥砂浆找平，整个墙面满刮三遍腻子，用砂纸打磨光滑，刷底漆、面漆，安装踢脚线。最后固定定制的成品板材。

主要材料：①白色乳胶漆　②玻化砖　③白色大理石

餐厅背景墙面用水泥砂浆找平，部分墙面用木工板打底，剩余墙面满刮三遍腻子，用砂纸打磨光滑，刷硅藻泥。用粘贴固定的方式将灰镜固定在底板上。

主要材料：①硅藻泥　②灰镜　③白色乳胶漆

餐厅背景墙面用水泥砂浆找平，整个墙面用木工板打底，用玻璃胶将车边银镜分块固定在底板上，完工后用密封胶密封，最后将定制的实木收边线条固定在底板上。

主要材料：①车边银镜　②白色乳胶漆　③玻化砖

餐厅背景墙面用水泥砂浆找平，整个墙面满刮三遍腻子，用砂纸打磨光滑，刷一层基膜。用环保白乳胶配合专业壁纸粉将壁纸固定在墙面上，最后安装踢脚线。
主要材料：①玻化砖 ②壁纸 ③钢化玻璃

餐厅背景墙面用水泥砂浆找平，部分墙面用木工板打底，用玻璃胶将银镜固定在底板上，最后固定通花板。
主要材料：①玻化砖 ②银镜 ③白色乳胶漆

餐厅背景墙面用水泥砂浆找平，部分墙面防潮处理后用木工板打底。剩余墙面满刮三遍腻子，用砂纸打磨光滑，刷底漆、面漆。用粘贴固定的方式将银镜固定在底板上，完工后用密封胶密封。
主要材料：①银镜 ②玻化砖 ③白色乳胶漆

用白水泥将马赛克固定在墙面上，剩余墙面用硅酸钙板离缝拼贴，镜子基层用木工板打底。墙面满刮三遍腻子，用砂纸打磨光滑，刷底漆、面漆。
主要材料：①马赛克 ②壁纸

餐厅背景墙面用水泥砂浆找平，镜子基层用木工板打底，剩余墙面满刮三遍腻子，用砂纸打磨光滑，刷底漆、有色面漆，安装踢脚线。用托压固定的方式将灰镜固定在底板上。

**主要材料：** ①有色乳胶漆 ②灰镜 ③玻化砖

餐厅背景墙面用水泥砂浆找平，用木工板做出储物矮柜，贴装饰面板后刷油漆。剩余墙面满刮三遍腻子，用砂纸打磨光滑，刷底漆、面漆。用螺钉固定成品通花板。

**主要材料：** ①白色乳胶漆 ②通花板 ③仿古砖

餐厅背景墙面用水泥砂浆找平，用木工板做出层板造型，贴装饰面板后刷油漆，剩余墙面满刮三遍腻子，用砂纸打磨光滑，刷底漆、面漆。最后将清玻固定在层板上。

**主要材料：** ①壁纸 ②白色乳胶漆 ③清玻

餐厅背景墙面用水泥砂浆找平，整个墙面用木工板打底，以粘贴固定的方式将银镜固定在底板上，用密封胶密封，最后将订制的通花板固定在银镜上。

主要材料：①银镜 ②通花板 ③复合实木地板

餐厅背景墙面用水泥砂浆找平，整个墙面满刮三遍腻子，用砂纸打磨光滑，刷一层基膜，用环保白乳胶配合专业壁纸粉将壁纸固定在墙面上，安装踢脚线。

主要材料：①壁纸 ②白色乳胶漆

餐厅背景墙面用水泥砂浆找平，用湿贴的方式将仿古砖固定在墙面上，用白色勾缝剂填缝。用木工板做出储物柜，贴装饰面板后刷油漆。剩余墙面满刮三遍腻子，刷底漆、面漆。

主要材料：①仿古砖 ②白色乳胶漆 ③复合实木地板

餐厅背景墙面用水泥砂浆找平，整个墙面满刮三遍腻子，用砂纸打磨光滑，刷一层基膜，用环保白乳胶配合专业壁纸粉将壁纸固定在墙面上，最后安装踢脚线。

主要材料：①壁纸 ②白色乳胶漆 ③复合实木地板

餐厅背景墙面用水泥砂浆找平，整个墙面用木工板打底，用粘贴固定的方式将定制的银镜固定在底板上，完工后用密封胶密封，安装踢脚线。

主要材料：①白色乳胶漆 ②银镜 ③有色乳胶漆

用木工板及硅酸钙板做出餐厅背景墙面上的弧形造型及灯槽结构，部分墙面满刮三遍腻子，用砂纸打磨光滑，刷底漆、面漆。最后固定亚克力板及踢脚线。

主要材料：①有色乳胶漆 ②亚克力板 ③复合实木地板

餐厅背景墙面用水泥砂浆找平，墙面满刮三遍腻子，用砂纸打磨光滑，将定制的板材固定在墙面上，剩余墙面刷一层基膜后，用环保白乳胶配合专业壁纸粉将壁纸固定在墙面上，安装踢脚线。

主要材料：①壁纸 ②白色乳胶漆 ③玻化砖

餐厅背景墙面用砖砌成后，清洁好表面的水泥砂浆，用白色水泥勾缝。整个墙面刷清漆。

主要材料：①仿古砖　②马赛克　③白色乳胶漆

餐厅背景墙面用水泥砂浆找平，整个墙面满刮三遍腻子，用砂纸打磨光滑，刷一层基膜，用环保白乳胶配合专业壁纸粉将壁纸固定在墙面上，最后安装踢脚线。

主要材料：①壁纸　②银镜　③仿古砖

餐厅背景墙面用水泥砂浆找平，用木工板做出凹凸造型，部分墙面贴铁刀木饰面板后刷油漆，剩余墙面满刮三遍腻子，用砂纸打磨光滑，刷底漆、面漆。

主要材料：①白色乳胶漆　②铁刀木饰面板　③文化石

餐厅背景墙面用水泥砂浆找平，整个墙面满刮三遍腻子，用砂纸打磨光滑，刷底漆、有色面漆，最后安装踢脚线。

主要材料：①有色乳胶漆　②仿古砖　③实木踢脚线

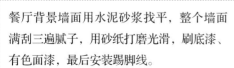

餐厅背景墙用水泥砂浆找平，整个墙面满刮三遍腻子，用砂纸打磨光滑，刷一层基膜，用环保白乳胶配合专业壁纸粉将壁纸固定在墙面上，安装踢脚线。

主要材料：①壁纸 ②玻化砖 ③橡木饰面板

按设计图在墙面上弹线，用湿贴的方式将仿木纹砖固定在墙面上，完工后用勾缝剂填缝。

主要材料：①木纹砖 ②白色乳胶漆 ③柚木饰面板

餐厅背景墙面用水泥砂浆找平，剩余墙面用有色乳胶漆饰面，固定成品木线条，贴装饰面板，刷油漆。

主要材料：①白色乳胶漆 ②仿古砖 ③实木线条

餐厅设计与材料 施工详解

餐厅背景墙面用水泥砂浆找平，整个墙面满刮三遍腻子，用砂纸打磨光滑，刷一层基膜，用环保白乳胶配合专业壁纸粉将壁纸固定在墙面上，最后安装踢脚线。

主要材料：①壁纸 ②实木踢脚线 ③玻化砖

餐厅背景墙面用水泥砂浆找平，整个墙面用木工板打底，将订制的百叶板固定在底板上。用玻璃胶将银镜分块固定在剩余底板上，完工后用硅酮密封胶密封。

主要材料：①银镜 ②白色乳胶漆 ③复合实木地板

餐厅背景墙面用水泥砂浆找平，用木工板做出层板造型，灰镜基层用木工板打底，层板贴装饰面板后刷油漆。剩余墙面满刮腻子，刷底漆、有色面漆，安装踢脚线。用粘贴固定的方式将灰镜固定在底板上。

主要材料：①灰镜 ②有色乳胶漆 ③玻化砖

餐厅背景墙面用水泥砂浆找平，镜子基层用木工板打底，剩余墙面用硅酸钙板打底找平，满刮三遍腻子，用砂纸打磨光滑，刷底漆，固定实木线条，刷面漆。用玻璃胶将银镜固定在底板上。

主要材料：①白色乳胶漆 ②银镜 ③复合实木地板

餐厅背景墙面用水泥砂浆找平，用木工板做出储物柜及层板造型，贴装饰面板后刷油漆。剩余墙面满刮腻子，用砂纸打磨光滑，刷底漆、面漆。

主要材料：①橡木饰面板 ②白色乳胶漆 ③实木地板

餐厅背景墙面砌成弧形造型，用水泥砂浆找平，用白水泥将马赛克固定在墙面上。剩余墙面满刮三遍腻子，用砂纸打磨光滑，刷底漆、面漆。最后安装踢脚线。

主要材料：①马赛克 ②白色乳胶漆 ③复合实木地板

餐厅背景墙面用水泥砂浆找平，整个墙面满刮三遍腻子，用砂纸打磨光滑，刷底漆、面漆，安装踢脚线。将定制的花格屏风放置在背景前。

主要材料：①白色乳胶漆 ②屏风 ③玻化砖

餐厅背景墙面用水泥砂浆找平，用木工板及硅酸钙板做出墙面上的凹凸弧形造型，整个墙面满刮三遍腻子，用砂纸打磨光滑，刷底漆、有色面漆。贴壁纸的墙面施工前需刷一层基膜。

**主要材料：**①仿古砖 ②有色乳胶漆 ③壁纸

餐厅背景墙用大理石和银镜装饰，用点挂的方式固定大理石，完工后用勾缝剂填缝。用不锈钢收边线条收边。剩余墙面用木工板打底，用粘贴固定的方式固定银镜，完工后用硅酮密封胶密封。

**主要材料：**①爵士白大理石 ②银镜 ③玻化砖

餐厅背景墙面用水泥砂浆找平，按照设计图纸在墙面上弹线放样，用硅酸钙板做出墙面上凹凸造型。整个墙面满刮腻子，用砂纸打磨光滑，刷底漆、面漆。

**主要材料：**①玻化砖、②白色乳胶漆、③有色乳胶漆

餐厅背景墙用水泥砂浆找平，按照设计图纸，底部墙面防潮处理后用木工板打底，剩余墙面满刮三遍腻子，用砂纸打磨光滑，刷一层基膜后贴壁纸。用粘贴固定的方式将银镜固定在底板上，完工后用硅酮密封胶密封。

主要材料：①复合实木地板　②银镜　③壁纸

餐厅背景墙面用水泥砂浆找平，镜子基层用木工板打底，并用木工板做出储物柜造型，贴装饰面板后刷油漆。剩余墙面满刮腻子，刷底漆、有色面漆，安装实木踢脚线。用螺钉固定的方式将烤漆玻璃固定在干净的底板上。

主要材料：①有色乳胶漆　②烤漆玻璃　③玻化砖

用木工板在餐厅背景墙面的凹凸造型处做出层板，贴装饰面板后刷油漆。将玻璃固定在墙面上，剩余墙面满刮三遍腻子，用砂纸打磨光滑，刷底漆、面漆，最后固定踢脚线。

主要材料：①白色乳胶漆　②实木踢脚线　③复合实木地板

餐厅背景墙面用水泥砂浆找平，用木工板做出矮柜及窗套造型，贴装饰面板后刷油漆。剩余墙面满刮腻子，用砂纸打磨光滑、刷底漆、面漆、将订制的通花板固定在墙面上。

主要材料：①白色乳胶漆 ②壁纸 ③通花板

餐厅背景墙面用水泥砂浆找平，整个墙面防潮处理后用木工板打底，固定实木线条，刷油漆。

主要材料：①仿古砖 ②装饰挂件 ③实木线条

餐厅背景墙面用木工板打底，按照设计图纸离缝贴铁刀木饰面板，刷油漆。

主要材料：①仿古砖 ②白色乳胶漆 ③铁刀木饰面板

餐厅背景墙面用水泥砂浆找平，将带花纹样的密度板固定在墙面上，完工后用勾缝剂填缝。
主要材料：①仿古砖 ②白色乳胶漆 ③密度板雕花

餐厅背景墙面用水泥砂浆找平，整个墙面满刮三遍腻子，用砂纸打磨光滑，刷一层基膜，用环保白乳胶配合专业壁纸粉将壁纸固定在墙面上，最后安装踢脚线。
主要材料：①壁纸 ②仿古砖 ③白色乳胶漆

餐厅背景墙面用水泥砂浆找平，墙面做防潮处理后用木工板打底，用粘贴固定的方式将黑镜固定在底板上，完工后用密封胶密封。最后固定成品实木线条。
主要材料：①实木线条 ②白色乳胶漆 ③黑镜

餐后背景墙面砌成弧形凹凸造型，整个墙面用水泥砂浆找平，用白水泥将马赛克固定在墙面上，剩余墙面满刮三遍腻子，用砂纸打磨光滑，刷底漆、面漆。
主要材料：①马赛克 ②白色乳胶漆 ③复合实木地板

餐厅背景墙面用水泥砂浆找平，固定彩色玻璃砖。剩余墙面满刮三遍腻子，用砂纸打磨光滑，刷底漆、有色面漆。
主要材料：①玻璃砖 ②有色乳胶漆 ③仿古砖

餐厅背景墙面用水泥砂浆找平，整个墙面满刮三遍腻子，用砂纸打磨光滑，刷底漆、有色面漆，安装踢脚线，固定成品花格板。
主要材料：①有色乳胶漆 ②白色乳胶漆 ③仿古砖

餐厅背景墙面用水泥砂浆找平，整个墙面满刮三遍腻子，用砂纸打磨光滑，刷底漆、有色面漆，有色乳胶漆需色卡选样。
主要材料：①马赛克 ②仿古砖 ③有色乳胶漆

用木工板做出餐厅背景墙面上的储物柜造型，贴装饰面板后刷油漆。剩余墙面满刮三遍腻子，用砂纸打磨光滑，刷底漆、面漆，安装踢脚线。
主要材料：①仿古砖 ②白色乳胶漆 ③木饰面板

用木工板做出餐厅背景墙面上层板造型，贴装饰面板后刷油漆。剩余墙面满刮三遍腻子，用砂纸打磨光滑、刷底漆、有色面漆。

主要材料：①泰柚饰面板　②文化石　③仿古砖

餐厅背景墙面用水泥砂浆找平，用木工板做出储物柜，贴装饰面板后刷油漆。剩余墙面用木工板打底，用粘贴固定的方式将银镜固定在底板上，完工后用密封胶密封。

主要材料：①银镜　②白色乳胶漆　③玻化砖

餐厅背景墙面用木工板打底，用玻璃胶将银镜固定在底板上，完工后用密封胶密封。用螺钉及胶水将花格板固定在墙面上。

主要材料：①玻化砖　②白色乳胶漆　③银镜

餐厅背景墙面防潮处理后用木工板打底，用玻璃胶将茶镜固定在底板上，最后固定成品通花板。剩余墙面满刮腻子，用砂纸打磨光滑，刷一层基膜后贴壁纸。

主要材料：①壁纸 ②茶镜 ③通花板

餐厅背景墙面用红砖砌成，清洁好砖墙表面的水泥砂浆，用白色水泥漆饰面。剩余墙面满刮三遍腻子，用砂纸打磨光滑，刷底漆、面漆。

主要材料：①白色乳胶漆 ②红砖刷白漆

餐厅背景墙面用水泥砂浆找平，整个墙面满刮三遍腻子，用砂纸打磨光滑、刷底漆、面漆，安装踢脚线。最后固定装饰画。

主要材料：①实木踢脚线 ②白色乳胶漆 ③复合实木地板

用木工板做出餐厅背景墙面收边线条，贴装饰面板后刷油漆。剩余墙面用木工板打底，用气钉及万能胶将软包固定在底板上，最后安装踢脚线。

主要材料：①软包 ②白色乳胶漆 ③木纹砖

餐厅背景墙面用水泥砂浆找平后用硅酸钙板离缝拼贴，整个墙面满刮三遍腻子，用砂纸打磨光滑，刷底漆、面漆。最后安装成品层板。

主要材料：①壁纸 ②白色乳胶漆 ③仿古砖

餐厅背景墙面用水泥砂浆找平，整个墙面满刮三遍腻子，用砂纸打磨光滑，固定成品线条，墙面用液态壁纸贴饰。最后安装踢脚线，固定装饰挂画。

主要材料：①液态壁纸 ②复合实木地板 ③实木踢脚线

餐厅背景墙面用水泥砂浆找平，整个墙面满刮三遍腻子，用砂纸打磨光滑，刷一层基膜，用环保白乳胶配合专业壁纸粉将壁纸固定在墙面上，最后安装踢脚线。

主要材料：①壁纸 ②木纹砖 ③白色乳胶漆

餐厅背景墙面用水泥砂浆找平，用湿贴的方式将仿古砖固定在墙面两侧，完工后用勾缝剂填缝，固定大理石收边线条，中间墙面用木工板打底，离缝贴装饰面板后刷油漆。

**主要材料：** ①仿古砖 ②复合实木地板 ③木饰面板

餐厅背景墙面用水泥砂浆找平，整个墙面用木工板打底，部分墙面贴装饰面板后刷油漆。用粘贴固定的方式将烤漆玻璃固定在底板上，完工后用硅酮密封胶密封。

**主要材料：** ①烤漆玻璃 ②白色乳胶漆 ③玻化砖

用木工板做出餐厅背景墙面上的储物柜造型，贴装饰面板后刷油漆。剩余墙面满刮三遍腻子，用砂纸打磨光滑，刷一层基膜后贴壁纸。

**主要材料：** ①壁纸 ②白色乳胶漆 ③玻化砖

餐厅背景墙面用水泥砂浆找平，用木工板做出储物层板，贴水曲柳饰面板后刷油漆。软包基层用木工板打底，用气钉及万能胶将软包分块固定在底板上，安装收边线条。

**主要材料：** ①软包 ②水曲柳饰面板 ③玻化砖

餐厅背景墙面用水泥砂浆找平，部分墙面用木工板打底，剩余墙面满刮三遍腻子，用砂打磨光滑，刷底漆，固定实木收边线条，刷面漆，将订制的字画固定在底板上。

主要材料：①白色乳胶漆 ②玻化砖 ③实木线条

餐厅背景墙面用水泥砂浆找平，镜面基层用木工板打底。剩余墙面满刮三遍腻子，刷一层基膜后贴壁纸，安装实木踢脚线。用粘贴固定的方式将银镜固定在底板上，安装收边线条。

主要材料：①银镜 ②壁纸 ③白色乳胶漆

餐厅背景墙墙面用水泥砂浆找平，整个墙面用木工板打底，贴装饰面板及成品木线条，刷油漆。

主要材料：①白色乳胶漆 ②装饰面板 ③复合实木地板

用木工板做出备餐柜及层板造型，贴装饰面板后刷油漆。剩余墙面满刮三遍腻子，用砂纸打磨光滑，刷底漆、有色面漆。最后安装实木踢脚线。

主要材料：①仿古砖 ②实木踢脚线 ③有色乳胶漆

餐厅背景墙面用水泥砂浆找平，用湿贴的方式将仿古砖固定在墙面上，用木工板做出收边线条，贴装饰面板后刷油漆。剩余墙面满刮三遍腻子，用砂纸打磨光滑，刷底漆、有色面漆。最后安装玻璃。

主要材料：①有色乳胶漆 ②玻璃 ③仿古砖

餐厅背景墙面用水泥砂浆找平，整个墙面满刮三遍腻子，用砂纸打磨光滑，刷底漆、面漆，最后安装踢脚线。

主要材料：①白色乳胶漆 ②实木地板 ③不锈钢踢脚线

餐厅背景墙面用水泥砂浆找平，用木工板做出整体储物柜造型，贴装饰面板后刷油漆。用托压固定的方式固定灰镜。

主要材料：①玻化砖　②白色乳胶漆　③灰镜

用木工板在餐厅背景墙面上做出层板，贴装饰面板后刷油漆。剩余墙面满刮三遍腻子，用砂纸打磨光滑，刷一层基膜后贴壁纸，最后安装实木踢脚线。

主要材料：①壁纸　②玻化砖　③白色乳胶漆

餐厅背景墙面用水泥砂浆找平，部分墙面用木工板打底，贴橡木饰面板后刷油漆，固定收边线条。剩余墙面满刮三遍腻子，用砂纸打磨光滑，刷一层基膜，用环保白乳胶配合专业壁纸粉将壁纸固定在墙面上。

主要材料：①壁纸　②橡木饰面板　③仿古砖

餐厅背景部分墙面用木工板打底，贴木饰面板形成隐形门，刷油漆。剩余墙面满刮三遍腻子，用砂纸打磨光滑，刷底漆、面漆，安装踢脚线。

主要材料：①玻化砖　②白色乳胶漆　③木饰面板

用木工板做出餐厅背景墙前的储物柜造型，贴装饰面板后刷油漆，剩余墙面用木工板打底，将订制的亚克力板固定在底板上。剩余顶部墙面满刮三遍腻子，刷底漆、面漆。

主要材料：①木饰面板　②亚克力板　③玻化砖

餐厅背景墙面用水泥砂浆找平，整个墙面满刮三遍腻子，用砂纸打磨光滑，将石膏线条固定在墙面上，刷底漆、面漆。最后安装踢脚线。

主要材料：①玻化砖　②白色乳胶　③石膏角线

餐厅背景墙面用水泥砂浆找平，用木工板做出储物柜造型，贴铁刀木饰面板后刷油漆。剩余墙面满刮三遍腻子，用砂纸打磨光滑，刷底漆、面漆。

主要材料：①白色乳胶漆　②玻化砖
③铁刀木饰面板

餐厅背景墙面用水泥砂浆找平，按照设计图纸用木工板做出凹凸造型，用粘贴固定的方式将茶镜固定在底板上，最后固定成品硬包。

主要材料：①茶镜　②硬包
③壁纸

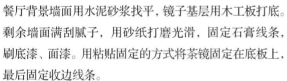

餐厅背景墙面用水泥砂浆找平，镜子基层用木工板打底。剩余墙面满刮腻子，用砂纸打磨光滑，固定石膏线条，刷底漆、面漆。用粘贴固定的方式将茶镜固定在底板上，最后固定收边线条。

主要材料：①茶镜　②软包　③壁纸

餐厅背景墙面用水泥砂浆找平，用湿贴的方式将仿古砖固定在墙面上，完工后用勾缝剂填缝。最后固定装饰挂件。

主要材料：①仿古砖　②白色乳胶漆　③玻化砖

背景墙面满刮三遍腻子，用砂纸打磨光滑，刷底漆，安装成品门套线及花格板，刷面漆，最后安装实木踢脚线。

主要材料：①玻化砖　②白色乳胶漆　③壁纸

餐厅背景墙面用水泥砂浆找平，整个墙面作防潮处理，用木工板打底，用粘贴固定的方式将雕花银镜固定在底板上，完工后用硅酮密封胶密封。

主要材料：①雕花银镜 ②白色乳胶漆 ③玻化砖

用木工板做出餐厅背景墙面上的层板，贴装饰面板后刷油漆。黑镜基层用木工板打底。剩余墙面满刮三遍腻子，用砂纸打磨光滑，刷一层基膜后贴壁纸，安装踢脚线。用玻璃胶将灰镜固定在底板上，完工后用硅酮密封胶密封。

主要材料：①灰镜 ②壁纸 ③玻化砖

餐厅背景墙面用水泥砂浆找平，部分墙面用木工板打底，剩余墙面用硅酸钙板打底找平。墙面满刮三遍腻子，用砂纸打磨光滑，刷底漆、面漆。用玻璃胶将车边银镜固定在底板上，完工后用硅酮密封胶密封。

主要材料：①金刚板 ②白色乳胶漆 ③银镜

餐厅背景墙面防潮处理后用木工板打底，银镜以粘贴固定的方式固定，完工后用硅酮密封胶密封。用气钉及万能胶将订制的软包固定在剩余底板上。

主要材料：①软包 ②银镜 ③爵士白大理石

用水泥砂浆将毛石固定在墙面上。剩余墙面用水泥砂浆找平，用木工板做出储物柜造型，贴装饰面板后刷油漆。剩余墙面满刮三遍腻子，用砂纸打磨光滑，刷底漆、面漆。

主要材料：①白色乳胶漆 ②仿古砖 ③红砖

餐厅背景墙面用水泥砂浆找平，用大理石胶将加工好的爵士白大理石高低错落地固定在墙面上，完工后用耐候性密封胶密封。

主要材料：①爵士白大理石 ②白色乳胶漆 ③仿古砖

餐厅背景墙面用水泥砂浆找平，整个墙面做防潮处理后用木工板打底。用粘贴固定的方式将银镜分块固定在底板上，完工后用硅酮密封胶密封。最后固定成品通花板。

主要材料：①有色乳胶漆 ②银镜

餐厅背景墙面用水泥砂浆找平，用木工板及硅酸钙板做出隐形门造型，整个墙面满刮三遍腻子，用砂纸打磨光滑，刷底漆、面漆。用丙烯颜料将图案手绘到墙面上。

主要材料：①白色乳胶漆 ②丙烯颜料图案 ③仿古砖

餐厅背景墙面用水泥砂浆找平，整个墙面满刮三遍腻子，用砂纸打磨光滑，刷底漆、面漆。固定磨砂玻璃，完工后用密封胶密封。

主要材料：①白色乳胶漆 ②磨砂玻璃 ③银镜

餐厅背景墙面用水泥砂浆找平，整个墙面满刮三遍腻子，用砂纸打磨光滑，刷底漆、面漆，安装踢脚线。最后固定装饰画。

主要材料：①白色乳胶漆 ②复合实木地板

餐厅背景墙面用水泥砂浆找平，墙面防潮处理后用地板钉及胶水将复合实木地板固定在墙面上，完工后用木线条收边。

主要材料：①复合实木地板 ②白色乳胶漆 ③仿古砖

① 玻化砖 ② 银镜 ③ 装饰面板

用湿贴的方式将玻化砖固定在电视背景墙面上，完工后用勾缝剂填缝，剩余墙面用木工板打底，部分墙面贴装饰面板后刷油漆。用粘贴固定的方式将银镜固定在底板上。

主要材料：①玻化砖 ②银镜 ③装饰面板

餐厅背景墙面用水泥砂浆找平，整个墙面防潮处理，用木工板打底，用螺钉固定的方式将灰镜固定在底板上，完工后用硅酮密封胶密封。

主要材料：①灰镜 ②白色乳胶漆

餐厅背景用镜子装饰，令空间更加宽敞。整个墙面防潮处理后用木工板打底，用玻璃胶将订制的黑镜及银镜固定在底板上，完工后用硅酮密封胶密封。

主要材料：①壁纸 ②黑镜 ③银镜

用木工板做出餐厅背景矮墙上层板造型，贴装饰面板后刷油漆。剩余墙面用肌理漆饰面。

主要材料：①肌理漆 ②仿古砖 ③复合实木地板

餐厅背景墙面用木工板打底，用木工板做出线条，贴装饰面板后刷油漆。用粘贴固定的方式将灰镜固定在底板上，最后固定成品实木板。

主要材料：①灰镜 ②白色乳胶漆 ③仿古砖

餐厅背景墙面用水泥砂浆找平，用木工板做出墙面上储物柜造型，贴水曲柳饰面板后刷油漆，剩余墙面满刮三遍腻子，用砂纸打磨光滑，刷底漆、面漆。

主要材料：①亚克力板 ②有色乳胶漆 ③水曲柳饰面板

餐厅处用成品花格板作为背景墙面，待装修完成后，用螺丝将订制的通花板固定在地面与吊顶间。
主要材料：①玻化砖 ②有色乳胶漆 ③通花板

餐厅背景墙面用储物柜装饰，用木工板做出设计图中储物柜造型，贴装饰面板后刷油漆，最后固定珠帘。
主要材料：①壁纸 ②白色乳胶漆 ③玻化砖

餐厅背景墙面用水泥砂浆找平，用点挂的方式固定爵士白大理石收边线条，完工后用密封胶密封。用白水泥将马赛克固定在墙面上。
主要材料：①爵士白大理石 ②马赛克 ③茶镜

餐厅背景墙面用水泥砂浆找平，整个墙面用木工板打底并做出隐形门造型，贴装饰面板，刷油漆。
主要材料：①白色乳胶漆 ②实木地板 ③红橡木饰面板

餐厅背景墙面用水泥砂浆找平，整个墙面满刮三遍腻子，用砂纸打磨光滑，刷底漆、面漆，固定订制的通花板。

主要材料：①白色乳胶漆　②壁纸　③通花板

餐厅背景墙面用水泥砂浆找平，整个墙面满刮三遍腻子，用砂纸打磨光滑，刷底漆、面漆，安装踢脚线。最后固定装饰品。

主要材料：①实木地板　②白色乳胶漆

餐厅背景墙面用水泥砂浆找平，贴黑镜的墙面用木工板打底，贴装饰面板后刷油漆。剩余墙面满刮三遍腻子，用砂纸打磨光滑，刷一层基膜后贴壁纸，安装踢脚线。用粘贴固定的方式将黑镜固定在底板上。

主要材料：①黑镜　②壁纸　③复合实木地板

用木工板做出餐厅背景墙面上的层板造型，贴装饰面板后刷油漆。剩余墙面用硅酸钙板离缝拼贴，整个墙面满刮三遍腻子，用砂纸打磨光滑，刷底漆、有色面漆。最后安装踢脚线。

主要材料：①壁纸　②有色乳胶漆　③玻化砖

餐厅背景墙用水泥砂浆找平，用湿贴的方式将木纹砖固定在墙面上，用勾缝剂填缝。剩余墙面用木工板打底，用托压固定的方式将银镜固定在底板上。

主要材料：①木纹砖 ②银镜 ③玻化砖

餐厅背景墙面用水泥砂浆找平，用木工板及硅酸钙板做出灯槽造型。镜面马赛克基层用木工板打底，用中性高密度玻璃胶固定。剩余墙面满刮三遍腻子，用砂纸打磨光滑，刷底漆、面漆，安装踢脚线。

主要材料：①白色乳胶漆 ②玻化砖 ③镜面马赛克

餐厅背景墙面用水泥砂浆找平，整个墙面满刮三遍腻子，用砂纸打磨光滑，刷底漆、面漆，安装踢脚线。最后固定装饰画。

主要材料：①白色乳胶漆 ②玻化砖

用木工板做出餐厅储物柜造型，贴装饰面板后刷油漆，固定玻璃及珠帘。

主要材料：①壁纸
②仿古砖 ③白色乳胶漆

用木工板做出餐厅北背景墙的储物柜及通花板的收边线条，贴装饰面板后刷油漆。剩余墙面满刮腻子，刷底漆、面漆。最后安装成品通花板。

主要材料：①白色乳胶漆 ②有色乳胶漆 ③玻化砖

餐厅背景墙面用水泥砂浆找平，用硅酸钙板做出凹凸造型，整个墙面满刮三遍腻子，用砂纸打磨光滑，刷一层基膜后贴壁纸。剩余墙面刷底漆、面漆。最后安装踢脚线。

主要材料：①白色乳胶漆 ②壁纸 ③复合实木地板

餐厅背景墙面用水泥砂浆找平，用硅酸钙板做出墙体到吊顶的弧形造型及墙面上的云状造型，固定成品通花板。整个墙面满刮三遍腻子，用砂纸打磨光滑，刷底漆、面漆。

主要材料：①白色乳胶漆 ②复合实木地板 ③通花板

餐厅背景墙面用蓝镜装饰，整个墙面防潮处理后用木工板打底，用托压固定的方式固定蓝镜，完工后用密封胶密封，最后固定不锈钢收边线条。

主要材料：①爵士白大理石 ②蓝镜 ③白色乳胶漆

餐厅背景墙面用水泥砂浆找平，整个墙面满刮三遍腻子，用砂纸打磨光滑，刷底漆、有色面漆，最后安装实木踢脚线，固定装饰挂画。

主要材料：①有色乳胶漆 ②实木踢脚线 ③人造大理石

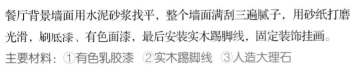

餐厅背景墙面用水泥砂浆找平，整个墙面满刮三遍腻子，用砂纸打磨光滑，刷底漆、有色面漆，安装踢脚线。

主要材料：①白色乳胶漆 ②有色乳胶漆 ③马赛克

餐厅设计与材料 施工详解

餐厅背景墙面用水泥砂浆找平，用木工板做出墙面上的储物层板造型，贴装饰面板后刷蓝色油漆。剩余墙面满刮三遍腻子，用砂纸打磨光滑，刷底漆、面漆，最后安装实木踢脚线。

主要材料：①白色乳胶漆 ②实木踢脚线 ③仿古砖

餐厅背景墙面用水泥沙浆找平，整个墙面防潮处理后用木工板打底，用粘贴固定的方式将金镜固定在底板上，固定实木线条，最后安装踢脚线。

主要材料：①金镜 ②玻化砖 ③白色乳胶漆

餐厅背景墙面用水泥砂浆找平，整个墙面满刮三遍腻子，用砂纸打磨光滑，刷一层基膜，用环保白乳胶配合专业壁纸粉将壁纸固定在墙面上，最后安装踢脚线。

主要材料：①壁纸

餐厅背景墙面用水泥砂浆找平，用白水泥将马赛克固定墙面上。用木工板做出层板造型，贴装饰面板后刷油漆。剩余墙面满刮三遍腻子，用砂纸打磨光滑，刷底漆、有色面漆，最后安装踢脚线。

主要材料：①马赛克 ②有色乳胶漆 ③仿古砖

餐桌背景墙面用水泥砂浆找平，左侧用木工板做出收边线条，贴装饰面板后刷油漆。剩余部分墙面用木工板打底，固定不锈钢收边线条，满刮腻子，用砂纸打磨光滑，刷底漆、面漆。用粘贴固定的方式固定银镜。

主要材料：①白色乳胶漆 ②银镜 ③复合实木地板

用成品花格板作为餐厅背景，待装修完成后，用螺钉将其固定在地面与吊顶间。

主要材料：①玻化砖 ②白色乳胶漆 ③壁纸

餐桌背景墙面用水泥砂浆找平，用AB胶将黑色大理石固定在矮台上，剩余墙面用木工板做出设计图中储物层板造型，贴装饰面板后刷油漆。剩余墙面满刮三遍腻子，用砂纸打磨光滑，刷底漆、面漆。

主要材料：①玻化砖 ②大理石 ③木饰面板

用湿贴的方式将仿古砖固定在墙面上，完工后用白色勾缝剂填缝。用木工板做出层板造型，贴装饰面板后刷油漆。剩余墙面满刮三遍腻子，用砂纸打磨光滑，刷底漆、面漆。最后安装踢脚线。

主要材料：①复合实木地板　②仿古砖　③白色乳胶漆

餐厅背景墙面用水泥砂浆找平，整个墙面满刮三遍腻子，用砂纸打磨光滑，刷底漆、有色面漆。最后安装不锈钢踢脚线。

主要材料：①不锈钢踢脚线　②有色乳胶漆　③仿古砖

用湿贴的方式将仿古砖固定在餐厅背景墙面上，完工后用白色勾缝剂填缝。用木工板做出层板造型，贴装饰面板后刷油漆。剩余墙面满刮三遍腻子，用砂纸打磨光滑，刷底漆、面漆。最后安装踢脚线。

主要材料：①复合实木地板　②仿古砖　③白色乳胶漆

① ②

餐厅背景墙面用水泥砂浆找平，整个墙面满刮三遍腻子，用砂纸打磨光滑，刷底漆、有色面漆，最后安装踢脚线。

**主要材料：** ①白色乳胶漆 ②有色乳胶漆

③ ① ②

用点挂的方式将爵士白大理石固定在墙面上，固定不锈钢收边线条。剩余墙面满刮三遍腻子，用砂纸打磨光滑，刷底漆、面漆。部分墙面刷一层基膜后贴壁纸。

**主要材料：** ①壁纸 ②爵士白大理石 ③白色乳胶漆

③ ① ②

餐厅背景墙面用水泥砂浆找平，整个墙面满刮三遍腻子，固定实木线条，刷一层基膜，用环保白乳胶配合专业壁纸粉将壁纸固定在墙面上，最后安装踢脚线。

**主要材料：** ①壁纸 ②仿古砖 ③白色乳胶漆

② ① ③

用木工板做出餐厅背景墙面上储物柜造型，贴装饰面板后刷油漆。部分墙面用木工板打底，剩余墙面满刮腻子，刷底漆、面漆。用粘贴固定的方式将黑色烤漆玻璃固定在底板上。

**主要材料：** ①黑色烤漆玻璃 ②白色乳胶漆 ③玻化砖

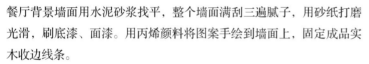

餐厅背景墙面用水泥砂浆找平，整个墙面满刮三遍腻子，用砂纸打磨光滑，刷底漆、面漆。用丙烯颜料将图案手绘到墙面上，固定成品实木收边线条。

主要材料：①白色乳胶漆 ②丙烯颜料 ③玻化砖

餐厅背景墙面用水泥砂浆找平，用白水泥固定马赛克踢脚线。剩余墙面满刮三遍腻子，用砂纸打磨光滑，刷底漆、面漆。最后固定成品层板。

主要材料：①马赛克 ②白色乳胶漆 ③仿古砖

餐厅背景墙面用水泥砂浆找平后作防潮处理，整个墙面用木工板打底，用粘贴固定的方式将银镜固定在底板上。剩余墙面贴装饰面板后刷油漆。

主要材料：①银镜 ②米黄石材 ③黑色大理石

餐厅背景墙面用水泥砂浆找平，用白水泥将马赛克固定在墙面上。用木工板做出储物柜造型，贴装饰面板后刷油漆。将大理石台面固定在柜子上。

主要材料：①马赛克　②复合实木地板　③壁纸

用硅酸钙板做出餐厅背景墙面上的凹凸造型，黑镜基层用木工板打底。剩余墙面满刮三遍腻子，用砂纸打磨光滑，刷底漆、面漆，安装踢脚线。用玻璃胶将黑镜固定在底板上，完工后用硅酮密封胶密封。

主要材料：①白色乳胶漆　②黑镜③仿古砖

餐厅背景墙面用水泥砂浆找平，整个墙面满刮三遍腻子，用砂纸打磨光滑，固定成品角线，刷底漆、面漆，用丙烯颜料将图案手绘到的墙面上。

主要材料：①白色乳胶漆　②丙烯颜料图案　③人造大理石

餐厅背景墙面用水泥砂浆找平，作防潮处理后用木工板打底，用粘贴固定的方式将银镜固定在底板上，完工后用密封胶密封。最后固定订制的硬包。

主要材料：①硬包　②银镜　③壁纸

餐厅背景墙面用水泥砂浆找平，用木工板做出收边线条，贴装饰面板后刷油漆。剩余墙面满刮三遍腻子，用砂纸打磨光滑，刷底漆，固定实木线条，刷面漆。部分墙面刷一层基膜后贴壁纸。

主要材料：①仿古砖　②壁纸　③有色乳胶漆

用青砖砌成矮台，清洁干净后刷清漆，剩余墙面满刮三遍腻子，用砂纸打磨光滑，刷底漆、面漆，安装踢脚线。最后固定成品通花板。

主要材料：①仿古砖　②白色乳胶漆　③通花板

餐厅背景墙面用水泥砂浆找平，整个墙面用木工板打底，部分墙面贴复合实木地板。清洁干净剩余底板，用粘贴固定的方式将黑镜固定在底板上。

主要材料：①白色乳胶漆 ②黑镜 ③复合实木地板

餐厅背景墙面用水泥砂浆找平，整个墙面用马赛克饰面，用白水泥固定，完工后清洁好表面的卫生。

主要材料：①有色乳胶漆 ②马赛克 ③复合实木地板

餐厅背景墙做凹凸造型，用木工板做出层板，贴装饰面板后刷油漆。剩余墙面满刮三遍腻子，用砂纸打磨光滑，刷底漆、有色面漆，安装踢脚线。用丙烯颜料将图案手绘到墙面上。

主要材料：①白色乳胶漆 ②有色乳胶漆 ③玻化砖

餐厅背景墙面用红色通花板饰面，按设计图纸砌成墙体，整个墙面满刮腻子，用砂纸打磨光滑，刷底漆、面漆。最后用螺丝固定成品通花隔断。

主要材料：①白色乳胶漆 ②玻化砖 ③有色乳胶漆

餐厅背景墙面用水泥砂浆找平，用木工板做出层板造型，贴装饰面板后刷油漆。剩余墙面满刮三遍腻子，用砂纸打磨光滑，刷底漆、有色面漆，安装踢脚线。

主要材料：①白色乳胶漆 ②有色乳胶漆 ③橡木

用湿贴的方式将仿古砖固定在餐厅与厨房之间的墙面上，完工后用白色勾缝剂填缝。剩余墙面满刮三遍腻子，用砂纸打磨光滑，刷底漆、有色面漆，安装实木踢脚线。

主要材料：①仿古砖 ②白色乳胶漆

餐厅背景矮墙用水泥砂浆找平，整个墙面防潮处理后用木工板打底，贴装饰面板后刷油漆。

主要材料：①白色乳胶漆 ②红橡木饰面板

玻璃作为餐厅背景墙与书房的隔墙，在底部墙面预埋"U"形夹，剩余墙面满刮腻子，刷底漆、面漆，最后固定订制的钢化玻璃，完工后用密封胶密封。

主要材料：①白色乳胶漆 ②玻化砖 ③钢化玻璃

餐厅背景墙面防潮处
理后部分墙面用木工
板打底，收边线条贴
装饰面板后刷油漆。
剩余墙面满刮腻子，
刷底漆、有色面漆。
用粘贴固定的方式将
茶镜固定在底板上，
完工后用密封胶密封。
主要材料：①茶镜
②白色乳胶漆 ③仿
古砖

餐厅背景墙面用水泥砂浆找平，整个墙面防潮处理后用木工板打底，用
气钉及万能胶将订制的软包分块固定在底板上。
主要材料：①软包 ②玻化砖 ③茶镜

用湿贴的方式将仿古砖固定在墙面上，完工后用白色勾缝剂填缝。剩余
墙面满刮三遍腻子，用砂纸打磨光滑，刷底漆，固定实木收边线条，刷
面漆。
主要材料：①仿古砖 ②白色乳胶漆 ③实木线条

餐厅背景墙面用水泥砂浆找平,部分墙面用木工板打底,贴装饰面板后刷油漆。用粘贴固定的方式将黑色烤漆玻璃固定在底板上,用密封胶密封。剩余墙面满刮腻子,用砂纸打磨光滑,刷底漆、面漆。

主要材料:①白色乳胶漆 ②黑色烤漆玻璃 ③玻化砖

餐厅背景墙面用水泥砂浆找平,部分墙面用木工板打底,剩余墙面用硅酸钙板离缝拼贴,满刮腻子,刷底漆、面漆,用玻璃胶固定金镜。

主要材料:①金镜 ②仿古砖 ③壁纸

餐厅背景墙面用水泥砂浆找平,按设计需求部分墙面用木工板打底,剩余墙面满刮腻子,刷底漆、有色面漆。用玻璃胶将银镜固定在底板上,完工后用密封胶密封。用气钉及万能胶将订制的软包固定在剩余底板上。

主要材料:①软包 ②银镜 ③有色乳胶漆

餐厅背景墙面用水泥砂浆找平。按设计需求部分墙面用木工板打底，剩余墙面满刮腻子，用砂纸打磨光滑，刷底漆，固定成品收边线条，刷有色面漆。用粘贴固定的方式将镜面固定在底板上。

**主要材料：①镜面 ②玻化砖 ③白色乳胶漆**

餐厅背景墙面用水泥砂浆找平，用木工板做出层板，贴装饰面板后刷油漆。整个墙面满刮三遍腻子，用砂纸打磨光滑，刷底漆、有色面漆，安装踢脚线。

**主要材料：①白色乳胶漆 ②有色乳胶漆 ③玻化砖**

餐厅背景墙面用水泥砂浆找平，整个墙面满刮三遍腻子，用砂纸打磨光滑，刷底漆，固定成品实木线条，刷有色面漆。贴壁纸的墙面需刷一层基膜，用环保白乳胶配合专业壁纸粉进行施工。

**主要材料：①壁纸 ②仿古砖 ③白色乳胶漆**

餐厅背景墙面用水泥砂浆找平，整个墙面满刮三遍腻子，用砂纸打磨光滑，刷底漆、有色面漆，安装踢脚线。最后将装饰画固定在墙面上。

主要材料：①仿古砖 ②有色乳胶漆 ③白色乳胶漆

餐厅背景墙面用水泥砂浆找平，用硅酸钙板离缝拼贴。整个墙面满刮三遍腻子，用砂纸打磨光滑，刷底漆、面漆。最后固定成品的层板。

主要材料：①壁纸 ②白色乳胶漆 ③仿古砖

餐厅背景墙面用水泥砂浆找平，镜子基层用木工板打底。剩余墙面满刮三遍腻子，安装成品实木线条，刷底漆、有色面漆。刷一层基膜后贴壁纸。用托压固定的方式固定银镜。

主要材料：①壁纸 ②有色乳胶漆 ③银镜

餐厅背景墙面用水泥砂浆找平，镜子基层用木工板打底，剩余墙面用硅酸钙板离缝拼贴，满刮三遍腻子，用砂纸打磨光滑，刷一层基膜后贴壁纸，安装踢脚线。用粘贴固定的方式将灰镜固定在底板上，完工后用硅酮密封胶密封。

主要材料：①壁纸 ②白色乳胶漆 ③灰镜

用木工板做出餐厅背景墙面上的储物柜造型，订制成品柜门，黑镜基层用木工板打底。剩余墙面满刮腻子，用砂纸打磨光滑，刷底漆、面漆。用粘贴固定的方式将黑镜固定在底板上，用密封胶密封。

**主要材料：** ①黑镜　②白色乳胶漆　③玻化转

餐厅背景墙面用水泥砂浆找平，按照设计图纸，用木工板做出储物柜造型，贴装饰面板后刷油漆，安装订制的通花板。剩余墙面满刮腻子，刷底漆、面漆。

**主要材料：** ①白色乳胶漆　②通花板　③玻化砖

餐厅背景墙面用水泥砂浆找平，整个墙面满刮三遍腻子，用砂纸打磨光滑，刷底漆、面漆，安装踢脚线。最后固定装饰挂画。

**主要材料：** ①爵士白大理石　②白色乳胶漆　③实木踢脚线

用湿贴的方式将木纹砖固定在墙面上，完工后用勾缝剂填缝。黑镜基层用木工板打底，剩余墙面满刮三遍腻子，用砂纸打磨光滑，刷底漆、面漆。用粘贴固定的方式固定黑镜。

主要材料：①黑镜 ②木纹砖 ③玻化砖

餐厅背景墙面用水泥砂浆找平，整个墙面满刮三遍腻子，用砂纸打磨光滑，刷底漆、面漆。最后将相框固定在墙面上。

主要材料：①白色乳胶漆 ②玻化砖

餐厅背景墙面用水泥砂浆找平，木工板做出设计图中的储物柜造型，贴斑马木饰面板后刷油漆。剩余墙面满刮三遍腻子，用砂纸打磨光滑，刷底漆、面漆。最后固定装饰挂画。

主要材料：①仿古砖 ②白色乳胶漆 ③斑马木饰面板

餐厅背景墙面用水泥砂浆找平，部分墙面用木工板打底。剩余墙面满刮三遍腻子，用砂纸打磨光滑，刷一层基膜，贴壁纸。用粘贴固定的方式将车边银镜固定在底板上，用密封胶密封。

主要材料：①车边银镜　②壁纸　③玻化砖

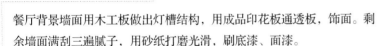

餐厅背景墙面用木工板做出灯槽结构，用成品印花板通透板，饰面。剩余墙面满刮三遍腻子，用砂纸打磨光滑，刷底漆、面漆。

主要材料：①壁纸　②白色乳胶漆　③玻化砖

餐厅背景墙面砌成凹凸弧形造型，底部用硅酸钙板离缝拼贴。固定收边线条，刷油漆。剩余墙面满刮三遍腻子，用砂纸打磨光滑，刷底漆、面漆。部分墙面用肌理漆饰面。

主要材料：①白色乳胶漆　②肌理漆　③仿古砖

餐厅背景墙面用水泥砂浆找平，用白水泥将马赛克固定在墙面上。用木工板做出坐椅及墙面的靠背，贴装饰面板后刷油漆。剩余墙面满刮三遍腻子，用砂纸打磨光滑，刷底漆、有色面漆。

主要材料：①仿古砖　②白色乳胶漆　③马赛克

在吊顶上安装轨道，将成品可推拉隔断固定在地面与吊顶间。隔断用钢化玻璃及垂帘装饰。

主要材料：①白色乳胶漆　②人造大理石　③线帘

餐厅背景墙面用水泥砂浆找平，用白水泥固定马赛克踢脚线，用木工板做出储物柜造型，贴水曲柳饰面板后刷油漆。剩余墙面满刮三遍腻子，用砂纸打磨光滑，刷底漆、面漆。

主要材料：①马赛克　②白色乳胶漆　③水曲柳饰面板

餐厅背景墙面用水泥砂浆找平，墙面防潮处理后用木工板打底，贴柚木饰面板后刷油漆。

主要材料：①白色乳胶漆　②玻化砖　③柚木饰面板

餐厅背景墙面用水泥砂浆找平，用木工板做出层板造型，贴装饰面板后刷油漆。剩余墙面满刮三遍腻子，用砂纸打磨光滑，刷底漆、有色面漆，最后安装踢脚线。

主要材料：①有色乳胶漆　②白色乳胶漆　③复合实木地板

餐厅背景墙面用水泥砂浆找平，用木工板做出收边线条，刷油漆。剩余墙面满刮三遍腻子，用砂纸打磨光滑，刷一层基膜，用环保白乳胶配合专业壁纸粉将壁纸固定在墙面上。

主要材料：①玻化砖　②壁纸　③白色乳胶漆

按照设计图纸，用木工板及硅酸钙板做出墙面上造型，层板及电视背景收边线条贴装饰面板后刷油漆。剩余墙面满刮三遍腻子，用砂纸打磨光滑，刷底漆、面漆，安装踢脚线。

主要材料：①白色乳胶漆　②玻化砖　③装饰面板

餐厅背景墙面用水泥砂浆找平，部分墙面用木工板打底，贴橡木饰面板后刷油漆。剩余墙面满刮三遍腻子，用砂纸打磨光滑，刷底漆、面漆。最后固定成品层板。

主要材料：①白色乳胶漆　②玻化砖　③橡木饰面板

餐厅背景墙面用水泥砂浆找平，用 AB 胶将大理石踢脚线固定在墙面上。剩余墙面满刮三遍腻子，用砂纸打磨光滑，刷底漆、面漆。

主要材料：①白色乳胶漆　②复合实木地板　③大理石踢脚线

餐厅背景墙面用水泥砂浆找平，用点挂的方式将爵士白大理石固定在墙面上。茶镜基层用木工板打底，用粘贴固定的方式固定茶镜。最后安装玻璃及不锈钢收边线条。

主要材料：①爵士白大理石　②茶镜

餐厅背景墙面用水泥砂浆找平，整个墙面满刮三遍腻子，用砂纸打磨光滑，刷底漆，固定成品屏风板，刷有色面漆。

主要材料：①白色乳胶漆　②有色乳胶漆　③仿古砖

餐厅背景墙面用水泥砂浆找平，整个墙面满刮三遍腻子，用砂纸打磨光滑，刷底漆、有色面漆。部分墙面用液态壁纸饰面，最后安装实木踢脚线。

主要材料：①有色乳胶漆　②仿古砖　③液态壁纸

餐厅背景墙面用水泥砂浆找平。用木工板做出储物柜及层板造型，贴装饰面板后刷油漆。剩余墙面满刮腻子，用砂纸打磨光滑，刷底漆、面漆。

主要材料：①白色乳胶漆　②玻化砖　③装饰面板

餐厅背景墙面砌成弧形造型，用湿贴的方式固定踢脚线，整个墙面满刮三遍腻子，用砂纸打磨光滑，刷底漆，将订制的窗套固定在墙面上，刷有色面漆。

主要材料：①有色乳胶漆　②白色乳胶漆　③仿古砖

餐厅背景墙面用水泥砂浆找平，整个墙面满刮三遍腻子，用砂纸打磨光滑，刷底漆，安装成品实木窗套线，刷面漆。用丙烯颜料将图案手绘到墙面上。

主要材料：①丙烯颜料图案　②白色乳胶漆　③人造大理石

餐厅背景墙面由成品通花板构成，待室内装修完工后，用螺丝将订制的通花板固定在地面与吊顶间。

主要材料：①通花板 ②仿古砖 ③白色乳胶漆

餐厅背景墙面用水泥砂浆找平，防潮处理后用木工板打底，将实木收边线条固定在墙面上，用气钉及胶水将定制的软包分块固定在底板上。

主要材料：①软包 ②壁纸 ③仿古砖

餐厅背景墙面用水泥砂浆找平，用干挂的方式固定大理石，安装完成后用专业的勾缝剂填缝。剩余墙面用木工板打底，用玻璃胶将黑镜固定在底板上，用密封胶密封。

主要材料：①米黄石材 ②白色乳胶漆 ③玻化砖

餐厅背景墙面用水泥砂浆找平，用木工板做出层板造型，贴装饰面板后刷油漆。剩余墙面满刮三遍腻子，用砂纸打磨光滑，刷底漆、面漆，最后安装踢脚线。

主要材料：①茶镜 ②白色乳胶漆 ③玻化砖

用白水泥将马赛克固定在餐厅背景墙面上，完工后用木工板做出收边线条，贴装饰面板后刷油漆。剩余墙面满刮三遍腻子，用砂纸打磨光滑，刷底漆、面漆。最后安装实木踢脚线。

主要材料：①马赛克　②白色乳胶漆　③玻化砖

餐厅背景用玻璃通花板装饰，用木工板做出顶部线条及固定轨道，安装成品通花板。

主要材料：①白色乳胶漆　②钢化玻璃　③通花板

垂帘作为餐厅背景，在内装修完成后，将订制的垂帘固定在吊顶上即可。

主要材料：①白色乳胶漆　②玻化砖　③钢化玻璃

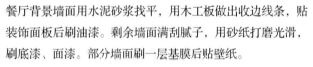

餐厅背景墙面用水泥砂浆找平，用木工板做出收边线条，贴装饰面板后刷油漆。剩余墙面满刮腻子，用砂纸打磨光滑，刷底漆、面漆。部分墙面刷一层基膜后贴壁纸。

主要材料：①壁纸 ②白色乳胶漆 ③仿古砖

餐厅电视背景墙面用水泥砂浆找平，用湿贴的方式固定大理石收边线条。整个墙面满刮三遍腻子，用砂纸打磨光滑，固定石膏线条，刷底漆、有色面漆。

主要材料：①白色乳胶漆 ②有色乳胶漆 ③大理石

在餐厅背景墙面上安装钢结构，固定大理石台面。剩余墙面用硅酸钙板做出凹凸造型，镜子基层用木工板打底。剩余墙面满刮三遍腻子，刷底漆、面漆。用粘贴固定的方式将银镜固定在底板上。

主要材料：①银镜 ②马赛克 ③白色乳胶漆

餐厅背景墙面用水泥砂浆找平，用湿贴的方式将文化石固定在墙面上，完工后用勾缝剂填缝。

主要材料：①复合实木地板　②白色乳胶漆　③文化石

餐厅背景墙面用水泥砂浆找平，贴银镜的墙面防潮处理后用木工板打底，将订制的杉木板固定在墙面上。剩余墙面满刮腻子，刷底漆、面漆，安装实木踢脚线。用玻璃胶将车边银镜分块固定在底板上，用密封胶密封。

主要材料：①车边银镜　②白色乳胶漆

用湿贴的方式将文化石固定在餐厅背景墙面的凹凸造型上，绿镜基层用木工板打底，剩余墙面满刮三遍腻子，刷底漆、有色面漆。用粘贴固定的方式将绿镜固定在底板上，安装铁艺装饰挂件。

主要材料：①有色乳胶漆　②仿古砖　③绿镜

餐厅背景墙面用水泥砂浆找平，用湿贴的方式将墙面砖固定在墙面上，完工后用白色勾缝剂填缝。用木工板做出储物柜造型，贴装饰面板后刷油漆。剩余墙面满刮三遍腻子，刷底漆、面漆。

主要材料：①白色乳胶漆　②仿古砖　③墙面砖

餐厅背景墙面用水泥砂浆找平，整个墙面满刮三遍腻子，用砂纸打磨光滑，刷一层基膜，用环保白乳胶配合专业壁纸粉将壁纸固定在墙面上，最后安装踢脚线及窗户上的百叶帘。

主要材料：①白色乳胶漆 ②壁纸 ③玻化砖

餐厅背景墙面用水泥砂浆找平，整个墙面满刮三遍腻子，用砂纸打磨光滑，刷一层基膜，用环保白乳胶配合专业壁纸粉将壁纸固定在墙面上，安装踢脚线。最后固定装饰画。

主要材料：①壁纸 ②白色乳胶漆 ③仿古砖

用木工板做出墙面上储物柜及镜面玻璃的收边线条，贴装饰面板后刷油漆，部分墙面用硅酸钙板打底找平，满刮三遍腻子，用砂纸打磨光滑，刷底漆、面漆，安装印花玻璃。

主要材料：①银镜雕花 ②白色乳胶漆 ③米黄石材

餐厅背景墙面用水泥砂浆找平。黑镜基层用木工板打底并做出收边线条，贴装饰面板后刷油漆。剩余墙面满刮三遍腻子，用砂纸打磨光滑，刷底漆、面漆。贴壁纸前需刷一层基膜。用玻璃胶固定灰镜，安装画框线。

主要材料：①灰镜 ②白色乳胶漆 ③壁纸

用硅酸钙板及木工板做出背景墙面的造型，镜子基层用木工板打底。剩余墙面满刮三遍腻子，用砂纸打磨光滑，刷底漆、面漆。用粘贴固定的方式固定银镜。

主要材料：①软包 ②壁纸 ③仿古砖

用木工板做出储物柜及门套线造型，贴装饰面板后刷油漆。剩余墙面满刮三遍腻子，用砂纸打磨光滑，刷底漆、有色面漆。安装铁艺装饰挂件。

主要材料：①有色乳胶漆 ②仿古砖 ③白色乳胶漆

用木工板做出餐厅与厨房的隔墙，贴装饰面板后刷油漆，固定玻璃。

主要材料：①钢化玻璃 ②白色乳胶漆 ③复合实木地板

餐厅背景墙面用水泥砂浆找平，整个墙面满刮三遍腻子，用砂纸打磨光滑，刷底漆、有色面漆，安装踢脚线。用丙烯颜料将图案手绘到墙面上。

主要材料：①玻璃　②丙烯颜料图案　③玻化砖

用湿贴的方式固定餐厅背景墙面上的踢脚线。用木工板及硅酸钙板做出设计图中造型，层板贴装饰面板后刷油漆。剩余墙面满刮三遍腻子，用砂纸打磨光滑，刷底漆、面漆。

主要材料：①仿古砖　②马赛克　③白色乳胶漆

餐厅背景墙面用水泥砂浆找平，整个墙面满刮三遍腻子，用砂纸打磨光滑，刷底漆、面漆，安装实木踢脚线。最后固定装饰挂画。

主要材料：①玻化砖　②白色乳胶漆　③爵士白大理石

餐厅背景墙面用水泥砂浆找平，用硅酸钙板做出墙面上的凹凸造型。整个墙面满刮三遍腻子，用砂纸打磨光滑，刷底漆、面漆。最后安装实木踢脚线。

主要材料：①白色乳胶漆　②实木踢脚线　③仿古砖

餐厅背景墙面用水泥砂浆找平，整个墙面满刮三遍腻子，用砂纸打磨光滑，刷一层基膜，用环保白乳胶配合专业壁纸粉将壁纸固定在墙面上，最后安装踢脚线。

主要材料：①壁纸　②玻化砖　③白色乳胶漆

餐厅背景墙面用水泥砂浆找平，整个墙面用木工板打底，并做出门造型，贴风化梧桐木饰面板后刷油漆，用玻璃胶将灰镜固定在底板上。

主要材料：①黑镜　②白色乳胶漆　③玻化砖

用木工板做出餐厅背景墙面上储物矮柜，贴装饰面板后刷油漆。剩余墙面满刮三遍腻子，用砂纸打磨光滑，刷底漆、有色面漆。最后安装实木踢脚线，固定大理石台面。

主要材料：①有色乳胶漆　②白色乳胶漆　③实木踢脚线

餐厅背景墙面两侧的红砖墙面上刷水泥漆。中间墙面满刮三遍腻子，用砂纸打磨光滑，刷底漆、面漆。用丙烯颜料将图案手绘到墙面上。最后安装踢脚线。

主要材料：①仿古砖 ②白色乳胶漆 ③丙烯颜料图案

餐厅背景墙面用水泥砂浆找平，用点挂的方式将爵士白大理石固定在墙面上，完工后用石材勾缝剂填缝。

主要材料：①爵士白大理石 ②茶镜 ③白色乳胶漆

餐厅背景砌墙用水泥砂浆找平，整个墙面满刮三遍腻子，用砂纸打磨光滑，刷底漆、面漆。用AB胶将大理石固定在矮墙上。最后固定钢化玻璃，完工后用密封胶密封。

主要材料：①白色乳胶漆 ②实木地板 ③钢化玻璃

餐厅背景墙砌成弧形凹凸造型。墙面用水泥砂浆找平，墙壁边缘打磨成弧形造型，用湿贴的方式固定踢脚线。剩余墙面满刮三遍腻子，用砂纸打磨光滑，刷底漆、有色面漆。

主要材料：①有色乳胶漆　②仿古砖　③白色乳胶漆

餐厅背景墙面用水泥砂浆找平，整个墙面满刮三遍腻子，用砂纸打磨光滑，刷底漆、有色面漆。用螺钉固定成品实木花格板。

主要材料：①白色乳胶漆　②花格板　③仿古砖

餐厅背景墙面用水泥砂浆找平，整个墙面满刮三遍腻子，用砂纸打磨光滑，部分墙面刷一层基膜后贴壁纸，剩余墙面刷白色乳胶漆，最后安装踢脚线。

主要材料：①壁纸　②白色乳胶漆　③复合实木地板

餐厅背景墙面用水泥砂浆找平，整个墙面用木工板打底，用气钉将绿可板固定在底板上，最后安装订制的艺术玻璃。

主要材料：①绿可板 ②白色乳胶漆 ③玻化砖

餐厅背景墙面用水泥砂浆找平，镜子基层用木工板打底。剩余墙面满刮三遍腻子，用砂纸打磨光滑，刷一层基膜后贴壁纸，安装踢脚线。最后固定镜面玻璃及通花板。

主要材料：①壁纸 ②茶镜雕花 ③白色乳胶漆

不规则的宽窄变化通过墙、地拼花的处理，增强空间的连续和现代感，尺度的把握很关键。

主要材料：①黑镜 ②白色乳胶漆 ③仿古砖

餐厅背景墙面用水泥砂浆找平，整个墙面满刮三遍腻子，用砂纸打磨光滑，刷底漆、有色面漆，安装实木踢脚线。最后将选购的铁艺挂件固定在墙面上。

主要材料：①有色乳胶漆 ②实木踢脚线 ③仿古砖

餐厅背景墙面用水泥砂浆找平，贴黑镜的墙面基层用木工板打底，用木工板做出收边线条，贴装饰面板后刷油漆。用玻璃胶将黑镜分块固定在底板上，用密封胶密封。最后安装玻璃。

主要材料：①黑镜 ②钢化玻璃 ③白色乳胶漆

餐厅背景墙面用水泥砂浆找平，整个墙面满刮三遍腻子，用砂纸打磨光滑，刷底漆、有色面漆，安装不锈钢踢脚线。

主要材料：①有色乳胶漆 ②仿木纹砖

餐厅背景墙面用水泥砂浆找平，整个墙面满刮三遍腻子，用砂纸打磨光滑，将石膏线条固定在墙面上，刷底漆、面漆。

主要材料：①仿古砖 ②白色乳胶漆 ③灰镜

餐厅设计与材料 施工详解

用木工板做出餐桌造型，墙面用木工板打底，贴装饰面板，刷油漆。

主要材料：①白色乳胶漆 ②黑镜 ③橡木染色

餐厅背景墙面用水泥砂浆找平，用水泥砂浆将毛石固定在墙面上。剩余墙面用杉木板饰面，刷清漆。

主要材料：①杉木板 ②仿古砖 ③毛石

餐厅背景墙面用水泥砂浆找平，按照设计图纸将实木线条固定在墙面上，整个墙面满刮三遍腻子，用砂纸打磨光滑，刷底漆、有色面漆。最后安装踢脚线。

主要材料：①白色乳胶漆 ②木纹砖 ③有色乳胶漆

餐厅背景矮墙用水泥砂浆找平，用木工板做出顶部及侧边的收边线条，贴装饰面板后刷油漆。剩余墙面用木工板打底，用粘贴固定的方式将银镜固定在底板上，完工后用硅酮密封胶密封。

主要材料：①壁纸 ②银镜 ③仿古砖

餐厅背景墙砌成弧形造型，墙面用水泥砂浆找平，用湿贴的方式固定踢脚线。整个墙面满刮三遍腻子，用砂纸打磨光滑，刷底漆，安装实木门及门套，刷有色面漆。

主要材料：①白色乳胶漆　②有色乳胶漆　③仿古砖

用木工板做出餐厅背景墙面上的储物柜及层板造型，贴装饰面板后刷油漆。剩余墙面满刮三遍腻子，用砂纸打磨光滑，刷底漆、面漆，安装踢脚线。

主要材料：①复合实木地板　②白色乳胶漆　③实木踢脚线

餐厅背景墙面用水泥砂浆找平，用湿贴的方式将仿古砖斜拼固定在墙面上，用勾缝剂填缝。用木工板做出层板，贴装饰面板后刷油漆。剩余墙面满刮腻子，刷底漆、面漆，最后安装踢脚线。

主要材料：①白色乳胶漆　②仿古砖

餐厅背景墙面用水泥砂浆找平，用木工板做出储物柜造型，贴装饰面板后刷油漆。剩余墙面满刮三遍腻子，用砂纸打磨光滑，刷底漆、有色面漆。

**主要材料：** ①白色乳胶漆 ②有色乳胶漆 ③仿古砖

餐厅背景墙面用水泥砂浆找平，部分墙面用复合实木地板饰面。用木工板做出收边线条，贴装饰面板后刷油漆。剩余墙面满刮腻子，刷底漆、面漆。用丙烯颜料将图案手绘到墙面上，最后安装踢脚线。

**主要材料：** ①仿古砖 ②复合实木地板 ③丙烯颜料图案

餐厅背景墙面用木工板做出立柱造型，贴装饰面板后刷蓝色油漆。剩余墙面满刮三遍腻子，用砂纸打磨光滑，刷一层基膜后贴壁纸，最后安装实木踢脚线。

**主要材料：** ①壁纸 ②马赛克 ③仿古砖

用硅酸钙板做出餐厅背景墙面上的凹凸造型，用木工板做出收边线条，贴装饰面板后刷油漆。剩余墙面满刮三遍腻子，用砂纸打磨光滑，刷底漆、白色及有色面漆，安装踢脚线。用丙烯颜料将图案手绘到墙面上。

主要材料：①白色乳胶漆 ②丙烯颜料图案 ③玻化砖

餐厅背景墙面用水泥砂浆找平，用木工板做出窗套，贴装饰面板后刷油漆，剩余墙面满刮三遍腻子，用砂纸打磨光滑，刷底漆、有色面漆，最后安装踢脚线。

主要材料：①白色乳胶漆 ②有色乳胶漆 ③复合实木地板

用木工板做出餐厅背景墙面上的储物柜造型，贴装饰面板后刷油漆。剩余墙面满刮三遍腻子，用砂纸打磨光滑，刷底漆、面漆。

主要材料：①白色乳胶漆 ②玻化砖 ③装饰面板

餐厅背景用壁纸和银镜装饰，镜面基层用木工板打底，剩余墙面满刮三遍腻子，用砂纸打磨光滑，刷一层基膜后贴壁纸。用玻璃胶将银镜分块固定在底板上。

主要材料：①壁纸 ②玻化砖 ③银镜

餐厅隔断用水泥砂浆找平，用白水泥将马赛克固定在墙面上，用勾缝剂填缝。用螺钉将定制的铁艺花格固定在矮台与吊顶间。

主要材料：①马赛克　②有色乳胶漆　③复合实木地板

餐厅背景墙面用水泥砂浆找平，整个墙面用木工板打底并做出凹凸造型，部分墙面贴水曲柳饰面板后刷油漆。以粘贴固定的方式将灰镜固定在底板上，最后安装不锈钢踢脚线。

主要材料：①灰镜　②水曲柳饰面板　③玻化砖

餐厅背景墙面用水泥砂浆找平，墙面用木工板打底，部分墙面贴装饰面板后刷油漆。用气钉及万能胶将订制的软包分块固定在底板上。

主要材料：①软包　②玻化砖
③磨砂玻璃

餐厅背景墙面用水泥砂浆找平，整个墙面满刮三遍腻子，用砂纸打磨光滑，刷底漆，将订制的窗形状的装饰品固定在墙面上，刷有色面漆，最后安装实木踢脚线。

主要材料：①仿古砖　②有色乳胶漆　③白色乳胶漆

餐厅背景墙面用水泥砂浆找平，用点挂的方式将石材固定在墙面上。用木工板做出储物柜造型，贴装饰面板后刷油漆，安装订制的镜面柜门及玻璃层板。剩余墙面满刮腻子，用砂纸打磨光滑，刷底漆、有色面漆。

主要材料：①有色乳胶漆 ②大理石 ③金刚板

用湿贴的方式将文化石固定在餐厅背景墙面上。用木工板做出层板及储物柜，贴装饰面板后刷油漆。

主要材料：①文化石 ②白色乳胶漆 ③马赛克

餐厅电视背景墙面用水泥砂浆找平，墙面满刮三遍腻子，用砂纸打磨光滑，刷一层基膜后贴壁纸。

主要材料：①壁纸 ②仿古砖 ③仿古砖

餐厅背景墙面用水泥砂浆找平，用湿贴的方式将仿古砖固定在墙面上，完工后用白色勾缝剂填缝。

主要材料：①仿古砖　②白色乳胶漆　③玻化砖

餐厅背景墙面用水泥砂浆找平，整个墙面防潮处理后用木工板打底，用玻璃胶将雕花黑镜固定在底板上，用硅酮密封胶密封。最后安装踢脚线。

主要材料：①雕花玻璃　②爵士白大理石　③磨砂玻璃

用木工板做出餐厅背景墙面上的储物层板造型，贴装饰面板后刷油漆。剩余墙面满刮三遍腻子，用砂纸打磨光滑，刷底漆、有色面漆。最后用玻璃胶固定金镜。

主要材料：①有色乳胶漆　②金镜　③玻化砖

餐厅背景墙面用通透的花格板装饰，令空间更加通透，待施工完成后将订制的通花板用螺钉固定在地面与吊顶间。

主要材料：①壁纸　②实木地板　③白色乳胶漆

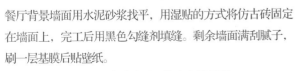

餐厅背景墙面用水泥砂浆找平，用湿贴的方式将仿古砖固定在墙面上，完工后用黑色勾缝剂填缝。剩余墙面满刮腻子，刷一层基膜后贴壁纸。

主要材料：①壁纸　②仿古砖　③白色乳胶漆

餐厅背景墙面砌成弧形造型，整个墙面满刮三遍腻子，用砂纸打磨光滑，刷底漆、有色面漆。贴壁纸的墙面基层需刷一层基膜，用环保白乳胶配合专业壁纸粉进行施工，最后安装踢脚线。

主要材料：①壁纸　②有色乳胶漆　③白色乳胶漆

餐厅背景墙面用水泥砂浆找平，整个墙面满刮三遍腻子，用砂纸打磨光滑，刷底漆、面漆，刷一层基膜后贴壁纸。最后安装不锈钢踢脚线。

主要材料：①白色乳胶漆 ②壁纸 ③大理石

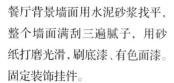

餐厅背景墙面用水泥砂浆找平，用木工板做出装饰柜造型，贴装饰面板后刷油漆，部分柜门用红玻装饰。

主要材料：①红玻 ②白色乳胶漆 ③玻化砖

餐厅背景墙面用水泥砂浆找平，整个墙面满刮三遍腻子，用砂纸打磨光滑，刷底漆、有色面漆。固定装饰挂件。

主要材料：①玻化砖 ②白色乳胶漆 ③有色乳胶漆

餐厅背景墙面用水泥砂浆找平，整个墙面满刮三遍腻子，用砂纸打磨光滑，刷底漆、面漆，安装踢脚线。最后将订制的银镜固定在墙面上。

主要材料：①银镜 ②马赛克 ③白色乳胶漆

餐厅背景墙面用水泥砂浆找平，整个墙面满刮三遍腻子，用砂纸打磨光滑，刷一层基膜，用环保白乳胶配合专业壁纸粉将壁纸固定在墙面上，最后安装踢脚线。

主要材料：①壁纸 ②白色乳胶漆 ③银镜

餐厅背景墙面用水泥砂浆找平，整个墙面用木工板打底并做出凹凸造型，部分墙面贴水曲柳饰面板后刷油漆。用粘贴固定的方式将灰镜固定在底板上，最后安装不锈钢踢脚线。

主要材料：①灰镜 ②水曲柳饰面板 ③玻化砖

餐厅设计与材料 施工详解

餐厅背景墙面用储物柜装饰，用木工板做出其造型，贴装饰面板后刷油漆。镜面装饰的墙面用木工板打底，用粘贴固定的方式固定。剩余墙面满刮腻子，刷底漆、面漆。

主要材料：①壁纸、②镜面、③白色乳胶漆

餐厅背景墙面用水泥砂浆找平，镜面基层用木工板打底，剩余墙面满刮三遍腻子，用砂纸打磨光滑，刷底漆、有色面漆。将定制的窗套线固定在墙面上，用玻璃胶固定镜面。

主要材料：①有色乳胶漆、②镜面、③复合实木地板

餐厅背景墙面用水泥砂浆找平，贴镜面的墙面用木工板打底，剩余墙面满刮三遍腻子，用砂纸打磨光滑，刷底漆，将成品实木线条固定在墙面上，刷有色面漆。用玻璃胶将镜面分块固定在底板上。

主要材料：①银镜、②有色乳胶漆、③玻化砖

餐厅一侧的墙面用储物柜装饰。用木工板做出储物柜造型，贴橡木饰面板后刷不同颜色的油漆。

主要材料：①橡木饰面板　②白色乳胶漆　③有色乳胶漆

餐厅背景墙面用水泥砂浆找平，黑镜基层用木工板打底，剩余墙面用硅酸钙板找平，墙面满刮三遍腻子，用砂纸打磨光滑，刷底漆、面漆。用玻璃胶将黑镜固定在底板上。

主要材料：①黑镜　②白色乳胶漆　③仿古砖

用木工板做出餐厅背景墙面上的储物柜，贴装饰面板后刷油漆，安装成品柜门。剩余墙面满刮腻子，用砂纸打磨光滑，刷底漆、面漆。

主要材料：①白色乳胶漆　②复合实木地板　③银镜

餐厅背景墙面用木工板打底，用气钉及胶水将订制的绿可板固定在底板上。清洁干净剩余底板，用粘贴固定的方式将黑色烤漆玻璃固定在底板上，完工后用硅酮密封胶密封。

主要材料：①黑色烤漆玻璃 ②绿可板 ③玻化砖

餐厅背景墙面用水泥砂浆找平，用硅酸钙板做出墙面到吊顶一体的凹凸造型，整个墙面满刮三遍腻子，用砂纸打磨光滑，刷底漆、面漆。贴壁纸的墙面刷一层基膜，最后安装踢脚线。

主要材料：①白色乳胶漆 ②米黄石材 ③壁纸

餐厅背景墙面用水泥砂浆找平，用木工板做出储物柜造型，贴装饰面板后刷油漆。剩余墙面满刮腻子，刷底漆、面漆。

主要材料：①白色乳胶漆 ②玻化砖

餐厅背景墙面用水泥砂浆找平，按照设计需求固定分割线条，墙面满刮三遍腻子，用砂纸打磨光滑，刷底漆、面漆，部分墙面刷一层基膜后贴壁纸。

主要材料：①壁纸 ②白色乳胶漆

餐厅背景墙面用水泥砂浆找平，用木工板做出储物柜造型，黑色烤漆玻璃基层用木工板打底。柜子贴装饰面板后刷油漆。用玻璃胶将黑镜固定在底板上。

主要材料：①黑色烤漆玻璃 ②白色乳胶漆 ③有色乳胶漆

用木工板及硅酸钙板做出客厅背景墙面上的造型，整个墙面满刮三遍腻子，用砂纸打磨光滑，刷底漆、白色及有色面漆。最后安装踢脚线。

主要材料：①仿古砖 ②有色乳胶漆 ③壁纸

餐厅背景墙面用水泥砂浆找平，用木工板做出储物柜，贴装饰面板后刷油漆。剩余墙面满刮三遍腻子，用砂纸打磨光滑，刷底漆、有色面漆，最后安装实木踢脚线。
主要材料：①有色乳胶漆　②白色乳胶漆　③复合实木地板

餐厅背景墙面用水泥砂浆找平，整个墙面用木工板打底并做出设计图中造型，贴柚木板后刷油漆。
主要材料：①复合实木地板　②壁纸　③柚木板

餐厅背景墙面用储物柜装饰柚木，用木工板做出造型后贴装饰面板，刷油漆。黑镜基层用木工板打底，用粘贴固定的方式将镜面固定在底板上，完工后用硅酮密封胶密封。
主要材料：①黑镜　②白色乳胶漆　③玻化砖

用木工板做出镜子的收边线条，贴装饰面板后刷油漆。镜子基层用木工板打底，剩余墙面满刮腻子，用砂纸打磨光滑，刷底漆、面漆。用粘贴固定的方式将雕花镜面玻璃固定在底板上，用密封胶密封。

主要材料：①白色乳胶漆 ②雕花镜面玻璃 ③壁纸

电视背景墙面用水泥砂浆找平，整个墙面满刮三遍腻子，用砂纸打磨光滑，刷底漆、面漆，安装踢脚线，最后将订制的铁艺挂架固定在墙面上。

主要材料：①白色乳胶漆 ②银镜 ③玻化砖

餐厅背景墙面用水泥砂浆找平，整个墙面满刮三遍腻子，用砂纸打磨光滑，刷底漆、有色面漆，最后安装实木踢脚线。有色乳胶漆需色卡选样。

主要材料：①有色乳胶漆 ②仿古砖 ③实木踢脚线

餐厅背景墙面用水泥砂浆找平，用木工板做出储物柜造型，贴装饰面板后刷油漆。剩余墙面满刮三遍腻子，用砂纸打磨光滑，刷底漆、面漆，最后安装踢脚线。
主要材料：①白色乳胶漆 ②仿古砖 ③装饰面板

餐厅背景墙面用水泥砂浆找平，右侧用木工板打底，贴装饰面板后刷油漆。剩余墙面满刮三遍腻子，用砂纸打磨光滑，刷一层基膜后贴壁纸，最后安装踢脚线。
主要材料：①壁纸 ②玻化砖 ③橡木饰面板

餐厅背景墙面用木隔断及亚克力板构成，用木工板做出设计图中造型，贴装饰面板后刷油漆。固定订制的亚克力板。
主要材料：①白色乳胶漆 ②亚克力板 ③玻化砖

用木工板在餐厅背景墙面上做出储物柜造型，贴装饰面板后刷油漆。剩余墙面满刮三遍腻子，用砂纸打磨光滑，刷底漆、面漆。

主要材料：①白色乳胶漆　②玻化砖　③橡木饰面板

餐厅背景墙面用水泥砂浆找平，用木工板做出储物柜，贴装饰面板后刷油漆，剩余墙面用硅酸钙板找平，满刮三遍腻子，用砂纸打磨光滑，刷底漆、面漆。

主要材料：①白色乳胶漆　②玻化砖　③爵士白大理石

餐厅背景墙面用木纹砖装饰，墙面用水泥砂浆找平，用湿贴的方式将其固定在墙面上，完工后用勾缝剂填缝。

主要材料：①木纹砖　②白色乳胶漆　③浅啡网纹大理石

餐厅背景墙面用水泥砂浆找平，整个墙面满刮三遍腻子，用砂纸打磨光滑，刷底漆、有色面漆，安装踢脚线，最后将选购的铁艺层架固定在墙面上。

主要材料：①有色乳胶漆 ②白色乳胶漆 ③复合实木地板

餐厅背景墙面用水泥砂浆找平，贴银镜的墙面用木工板打底，剩余墙面满刮三遍腻子，刷底漆、面漆。用玻璃胶将车边银镜分块固定在底板上，用密封胶密封，最后固定收边木线条。

主要材料：①车边银镜 ②白色乳胶漆 ③玻化砖

餐厅背景矮墙先固定支架，后以亚克力板封面，最后将订制的钢化玻璃用玻璃夹及胶水固定在吊顶与矮墙间。

主要材料：①亚克力板 ②仿古砖 ③钢化玻璃

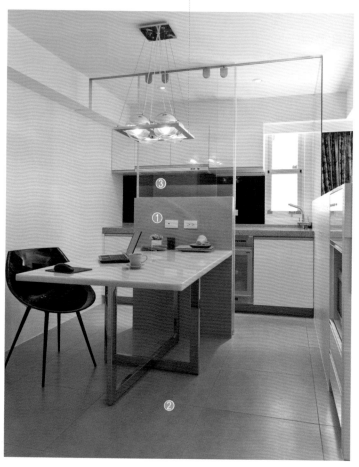

餐厅背景墙面用水泥砂浆找平，按照设计图纸用木工板做出储物柜造型，贴装饰面板后刷油漆。简洁的造型令空间更显宽敞。

主要材料：①白色乳胶漆 ②水曲柳饰面板染色 ③玻化砖

餐厅背景墙面用原木叠拼构成。按照设计图纸将切割好的木块用气钉及胶水叠加拼成背景墙面，打磨光滑后刷清漆。

主要材料：①白色乳胶漆 ②仿古砖 ③原木

餐厅背景墙面用水泥砂浆找平，贴镜子的墙面用木工板打底，剩余墙面用硅酸钙板打底找平并做出工艺线。墙面满刮腻子，刷底漆、面漆。用玻璃胶将银镜分块固定在底板上。

主要材料：①银镜 ②白色乳胶漆 ③金刚板

餐厅设计与材料 施工详解

按照设计图纸，用木工板做出餐厅背景墙面上的格子·柜造型，贴装饰面板后刷油漆。剩余墙面满刮三遍腻子，用砂纸打磨光滑，刷底漆、面漆。

主要材料：①马赛克　②钢化玻璃　③仿古砖

餐厅处的红色软包墙面令居所更加温馨，整个墙面用水泥砂浆找平，作防潮处理后用木工板打底，用万能胶及气钉将订制的软包分块固定在底板上。

主要材料：①软包　②马赛克　③仿古砖

餐厅背景墙面用水泥砂浆找平，整个墙面满刮三遍腻子，用砂纸打磨光滑，刷底漆、有色面漆，有色乳胶漆需根据色卡选样，最后安装踢脚线。

主要材料：①白色乳胶漆　②有色乳胶漆　③复合实木底板

餐厅背景墙面用水泥砂浆找平，整个墙面防潮处理，用气钉及胶水将松木板固定在墙面上，刷油漆。最后安装踢脚线。

主要材料：①仿古砖　②白色乳胶漆　③松木板

餐厅背景墙面用青砖砌成，刷有色水泥漆。顶部满刮三遍腻子，用砂纸打磨干净，刷底漆、面漆。

主要材料：①青砖　②仿古砖

餐厅背景墙面用水泥砂浆找平，整个墙面满刮三遍腻子，用砂纸打磨光滑，刷底漆、有色面漆，有色乳胶漆须按色卡选择。

主要材料：①有色乳胶漆　②白色乳胶漆　③实木地板

餐厅设计与材料 施工详解

餐厅背景墙面用花格板装饰，整个墙面满刮三遍腻子，用砂纸打磨光滑，刷底漆、面漆，将订制的通花板固定在墙面上。
主要材料：①复合实木地板 ②白色乳胶漆 ③通花板

餐厅背景墙面用水泥砂浆找平，按设计图在墙面上弹线放样，将订购的线条固定在墙面上，整个墙面满刮腻子，刷底漆、面漆。镜子基层用木工板打底，用托压固定的方式固定。
主要材料：①白色乳胶漆 ②镜面玻璃 ③白色大理石

餐厅背景墙面用水泥砂浆找平，整个墙面满刮三遍腻子，用砂纸打磨光滑，将订制的实木收边线条固定在墙面上，剩余墙面刷一层基膜，用环保白乳胶配合专业壁纸粉将壁纸固定在墙面上。
主要材料：①白色乳胶漆 ②壁纸 ③玻化砖